U0304641

刘少宸◎编著

是谁创造了奇迹

吉林科学技术出版社
JiLin Science & Technology Publishing House

前言
FOREWORD

大自然像一个巨大而神秘的宝箱，你永远不知道下一刻会在里面发现什么。

神秘的南北两极、奇异的热带雨林景观、清新辽阔的草原，还有浩瀚无际的海洋，甚至那荒无人烟的沙漠，你对它们了解多少？你是否知道大自然中还有会吃人的植物、像地球一样自转的岛屿、神秘的死亡谷以及茂密丛林中的黄金城？你有没有在电视中看到某些地区发生海啸、火山喷发、地震、洪水等，大自然也会“发怒”呢！本书将用生动有趣、通俗易懂的语言，为你一一讲述！

本书与课本紧密相连，在文中详细标注了相关教材的页码和内容，有助于在巩固课堂知识的基础上，加深对课本的学习，更能让你汲取更多的知识，开阔眼界，了解书本之外的广阔世界。

另外，不要担心会有阅读障碍，书中对学习范围之外的疑难字加注了拼音，让你不用翻字典就能流畅阅读，可专注地享受在知识的海洋中徜徉的乐趣，度过愉快的阅读时光。

最后，还欢迎你关注奇趣博物馆系列的其他图书：《我要给地球挖个洞》《海洋会干涸吗》《我想养只小恐龙》《我想有一个外星朋友》《把达尔文带回家》《我和猩猩为什么不一样》《是科学还是魔法》《这才是男孩的玩具》《我和我的动物小伙伴》。

C目录
ONTENTS

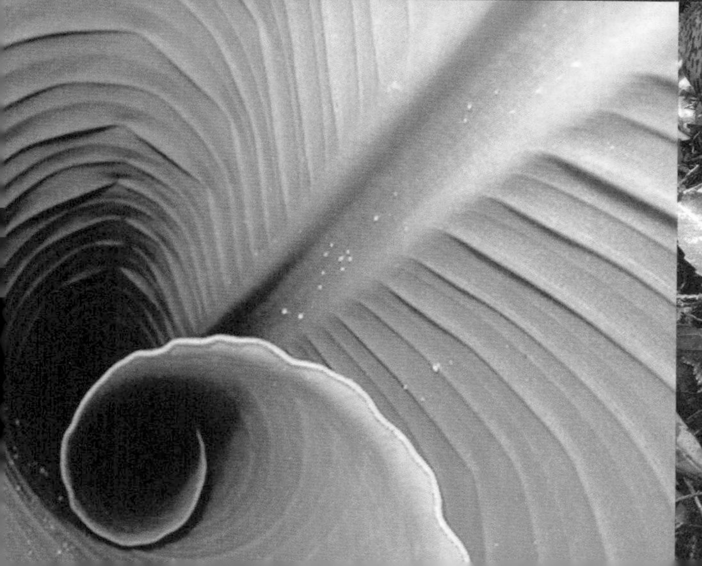

1 奇异的自然环境

神秘的地球两极

神秘南极

南极洲是地球所有大洲中，最后一块被人类的脚步所踏上的陆地。南极位于地球的最南端，它是一个被大洋环绕的大陆，也是一个一直披着神秘面纱的神奇的大陆。地球的南北极都十分寒冷，在过去，很多人以为南北极气温是一样的，事实上，南极的气候要比北极恶劣得多，并且南极的平均气温比北极低很多。

北极掠影

北极周围的大部分地区都比较平坦，没有树木生长。冬季大地封冻，地面上覆[fù]盖着厚厚的积雪。夏天积雪融化，表层土解冻，植物生长开花，为驯鹿和麝[shè]牛等动物提供了食物。同时，狼和北极熊等食肉动物也依靠捕食其他动物得以存活。北极地区是世界上人口最稀少的地区之一。千百年以来，因纽特人在这里世代繁衍[yǎn]。

南北两极的差别

温度差异

南极气温低的一个重要原因就是南极被一层巨大的冰盖所覆盖。这个厚度达千米以上的冰盖犹如一面天然的反光镜，它把收到的太阳热能大部分都反射到空气中，因此，南极的物理储热能力很差；南极大陆的周围被大洋环绕着，大洋又长时间被冰冻，长年不化，阻断了海水和空气的交换，导致南极周围的海面长期保持较低的温度。而北极地区由于周围被大洋环绕，物理储热条件大大优于陆地，所以气温相对南极要高出不少。

动植物差异

南北两极不仅在气温方面有巨大的差异，在动物种类上也有很大的差别，南极的企鹅不可能生存在北极，而北极的北极熊也不可能在南极存活。原因在于熊类是杂食、适应性强的陆生动物，从北极到热带均有分布。在很久以前，地球曾经经历了严酷的低温冰冻时期，北极地区只有在冰川边缘适应寒冷气候的动物存活了下来。而有些熊类因为有毛皮厚、食肉、体温调节能力强、有越冬生理以及各方面都适应严寒的特性，而得以在北极生存下来，它们就是现在北极熊的祖先。

憨态可掬而又异常可爱的企鹅是南极地区的标志性动物。根据研究，企鹅最早也生活在温度较高的地区。企鹅在远古时期选择南下而没有继续向北前进，是因为它们北上的道路被热带炎热的气候阻挡了，企鹅们无法忍受热带的暖水。企鹅喜温怕热的这些生理特点，决定了它们只能生活在来自南极的冰雪融化水域，或由深海涌上的较冷的水流所流经的海域。所以，企鹅生活在南极也就顺理成章了。

极光的秘密

神秘的极光

神秘而美丽的极光一直是人们所赞美和喜爱的自然界神奇现象之一。那么这些美丽而迷人的极光背后，又隐藏着怎样的秘密呢？

一般来说，极光多出现在地球的南北两极附近的高空，并能呈现红、蓝、绿、紫……各种颜色的光芒，这种壮丽动人的光辉景象叫作极光。它们时而如烟似雾，时而壮丽宽广，高兴起来也很有可能停留很长时间。

现代解释

根据现代的研究结果表明，极光是由于太阳带电粒子进入地球磁场形成的，通常会在夜间出现，在南极出现的称为南极光，在北极出现的称为北极光。

极光的一个显著特征就是彼此的形状绝难雷同，各有千秋。人们根据极光的形状把极光分为5种，一种是圆弧状的极光弧；再一种是飘带状的极光带；另外一种是如云朵一般的片朵状的极光片；第四种是像面纱一样均匀的帐幔状的极光幔[màn]；还有一种是沿磁力线方向分布的射线状的极光芒。

美丽一百分

极光的美在于它多种多样，五彩缤纷，气象万千，恢宏壮丽，如果单以颜色来论，在自然界中当属第一。五光十色、炫目多姿是对极光之美的最佳评价。各个极光的亮度变化也是很大的，从目仅得见的朦胧的亮度，一直亮到有如满月。在有强烈极光出现时，地面上的能见度都能提高几个等级，甚至可以照出物体的影子来。

极光时间长短也不一样，有的十分短暂，转瞬即逝；有的却可以在天宇之中靓丽几个小时。极光的形状是最为引人注目的，有的有如七色缎带，有的状如燃烧的火焰，有的像一面五光十色的荧屏，有的则像棉絮、白云静止不动……

极光的运动变化，可以上下纵横成百上千千米，甚至还存在近万千米长的极光带。这种宏伟壮观的自然景象，颇有神秘色彩。根据不完全的统计，目前能分辨清楚的极光色调已达160余种。

初识热带雨林

动物家园

提到热带雨林，人们总是会想到众多的神秘现象。无论是奇异的雨林动物，还是酷热多雨的极端气候，还有那神秘消失的远古文明……这一切都在人们的脑海中留下了深刻的烙[lào]印。热带雨林对于人类来说，充满了神秘和危险，但是对于很多动植物来说，那里却是它们赖以生存的广袤家园。

热带动植物的避风港

地球上的雨林大多紧临赤道。雨林的气候一般是高温多雨，这种气候能够保证植物的快速生长，植物不仅为雨林中的众多生物提供了充足的食物，更成为了很多动物的天然庇[bì]护所。

奇异的热带雨林景观

热带雨林的自然景观非常具有特点。走进雨林，经常会遇到林木参天蔽[bì]日，光线幽暗难寻，甚至伸手不见五指的情况。人们走在林中，只能听见踩在厚厚的落叶层上沙沙的声响。这种穿行不仅困难重重，而且危机四伏，因为热带雨林中时常会有毒性很大的昆虫和蟒蛇出没。

植物奇观

这里有许多植物界的奇观，各种类型的树木枝蔓[màn]藤[téng]绕，即使有供行人徒步的小道，也只有一尺多宽，时常还会有粗壮的老藤横亘[gèn]其中，需要人们低头猫腰才能顺利穿过。不管是大树还是老藤，都是密密麻麻地缠绕着很多细藤、根须或其他植物，稠密的地方简直就像蜘蛛网一样。热带雨林看似浩瀚如海，呈现出一片欣欣向荣、静谧[mì]神奇的景象，里面却蕴藏着无声的杀戮，各种植物如果不拼命疯长、不努力向上争取阳光雨露，就意味着死亡；植物间残酷的竞争，就是热带雨林特有的绞杀现象。

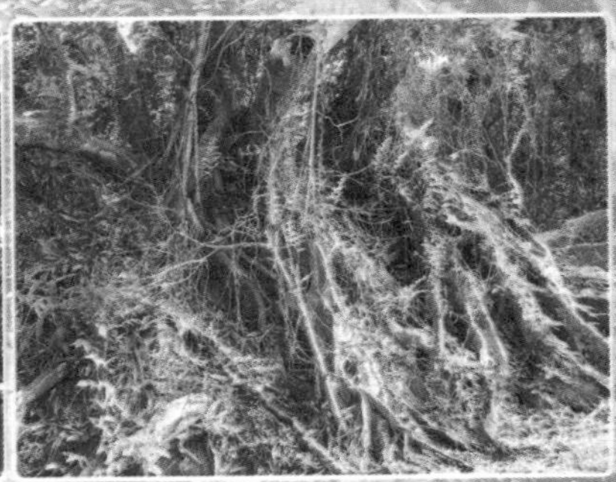

无声的战斗

在这里，战争的主导者是榕树，榕树的果实很坚硬，不容易被啄食的飞禽走兽消化，它们就附着在飞禽走兽的粪便里，黏[nián]在其他树上，在适宜的条件下发芽，长出纵横交错的气生根，包裹树干，并逐渐向下爬到地面、深入泥土，形成硕大的根系。这些气根，拼命争夺水分和养分供自己迅速生长，枝叶将很快覆盖树冠争夺阳光，气根不断长粗形成一张网状，紧紧把树干勒住，直到它们窒息而死，自己取而代之，长成一株独立的大树。

地球的宝藏

热带雨林里到处都是多姿多彩、欣欣向荣的景象。它是地球珍贵的宝藏。热带雨林是“世界最大药厂”，因为在热带雨林里有大量自然药物或者是药物原材料，在全球所用的药物中，其中有近一半的原料是来自热带雨林。从动物方面来说，热带雨林也生活着种类繁多的动物，而且还有相当多的濒危动物和独特动物是人类保护和研究的对象。

参照教材阅读

环境与植物：热带雨林

参照人民教育出版社出版的《小学科学》六年级下册教材第 26 页

清新辽阔的草原

壮美风光

“敕[chì]勒川，阴山下。天似穹庐，笼盖四野。天苍苍，野茫茫，风吹草低见牛羊。”这首诗歌所描绘的美好风光就是中国的温带草原。提到草原，人们可能都很熟悉。地理科学上的广义草原包括在较干旱环境下形成的以草本植物为主的植被，主要包括两大类型：热带稀树草原和温带草原。狭义的草原则只包括温带草原。

诗情画意

如果你放眼一望无际的草原，扑入你眼帘的会是一片连绵不绝的绿色；如果你引吭[háng]高歌，吸入你鼻腔的将是无比清新的草原之风。这就是地球上最有诗情画意的地方——草原。

从自然风光来说，夏季是温带草原一年当中最美丽的时节。此时的草原天高气爽，能见度很高。苍茫的天地间，放眼望去，繁花似锦，翠色欲流，那漫山遍野沁[qìn]人心脾的绿对着你扑面而来，真的是令人心旷神怡，神清气爽。低矮些的地方，犹如宝石碎片般点缀着众多小小的湖泊，水蓝草绿，就像一颗颗蓝宝石在绿色的天鹅绒上熠[yì]熠生辉。湖水清澈见底，游鱼可数。

珍爱草原

从经济效益和生态效益角度来说，草原的存在不仅为人类提供了毛料、肉类、奶制品、皮制品等种种人们生活所离不开的必需品，更是各种草原动物的美好家园。美丽的斑马、凶猛的狮子、成群的鬣[liè]狗、矫捷的猎豹……这些动物世世代代生活在草原上，更需要我们人类去有意识地保护它们，爱护它们。

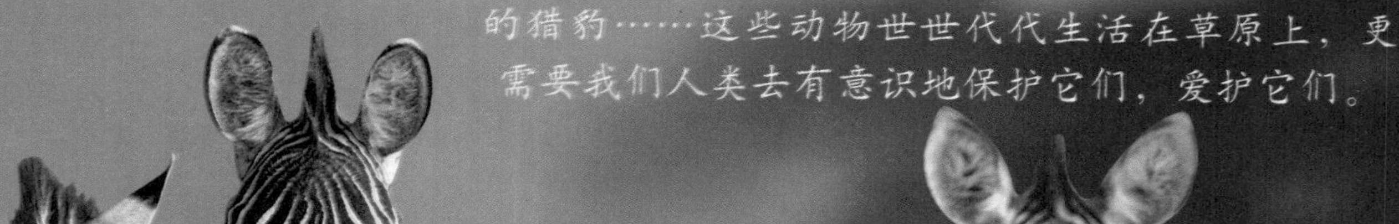

参照教材阅读

认识地表形态：草原

参照人民教育出版社出版的《小学科学》五年级下册教材第 42 页

高原探秘

说起高原，人们可能都不会陌生。在我国就有世界著名的“世界屋脊”——青藏高原。《青藏高原》这首歌曲更是唱红大江南北，为人们所熟知。

我国四大高原

高原是一种具有显著地理特征的地形。在中国就有四大高原，主要分布在我国阶梯地势第一、第二阶梯上。这其中最高的是青藏高原，平均海拔4 000米以上，青藏高原多雪山冰川。黄土高原以厚厚的黄土覆盖为显著特征，地势从西北向东南倾斜，海拔800～2 500米，黄土高原地表沟壑纵横，植被少，水土流失严重，近些年已加大绿化和植树造林，成效较为显著。云贵高原地形崎[qí]岖[qū]不平，海拔1 000～2 000米，多峡谷及典型的喀[kā]斯特地貌。内蒙古高原是蒙古高原的一部分，海拔1000～1400米。

参照教材阅读

认识地表形态：高原

参照人民教育出版社出版的《小学科学》五年级下册教材第 42 页

耐力训练的宝地

一般来说，高原的地理环境和气候不如平原地区发展农业有优势，但是高原地区也有其自身的显著特殊资源和特点。去过高原的人都知道，高原缺氧是一种高原特有的环境情况。由于高原海拔高，气压低，如果善加利用这一低压缺氧环境，能够提升人体的体能素质，所以高原成为体育界耐力训练的“宝地”。

2000 SUN BELT
78
CHAMPIONSHIPS
2000 SUN BELT
388
CHAMPIONSHIPS
2000 SUN BELT
72

长跑冠军的摇篮

我们在各种世界体育比赛中也经常能看到，来自非洲的黑人运动员经常在中长跑项目上拥有巨大的优势和实力。究其原因，非洲高原特有的地理环境无疑也对其产生了良好的刺激作用。在第19届夏季奥运会上，由于比赛地设在高原城市墨西哥城，因而在那一届奥运会上中长跑项目和马拉松项目中的5项比赛冠亚军都被非洲选手所囊[náng]括。从此以后，高原成了世界各国体育界中长跑、马拉松、竞走等耐力项目的训练“宝地”。

其他资源

此外，高原地区接受日光辐射多，日照时间长，太阳能资源极为丰富，十分适合太阳能的开发和利用。

平原掠影

说起平原，人们都会觉得非常熟悉。平原和人类的文明总是息息相关，世界四大文明古国的崛[jué]起也是依托在平原农业的发展基础上。

地球大粮仓

从一般的地理学概念上来说，平原是海拔较低的平坦的广大地区，海拔多在0～500米，一般都在沿海地区。世界平原总面积约占全球陆地总面积的四分之一，平原不但广大，而且土地肥沃，水网密布，交通发达，是经济文化发展较早较快的地方。平原对人类的作用之大毋庸置疑，仅从粮食产量来说，世界主要的粮食作物小麦、水稻和玉米的主要播种区域，平原地区就占据了绝大部分，平原地区称为“地球的粮仓”，是最恰当不过。

此外，一些重要矿产资源，如煤、石油等也富集在平原地带，例如中东地区的美索不达米亚平原。平原也是发展农业专门化和机械化生产的绝好场所。

参照教材阅读

认识地表形态：平原

参照人民教育出版社出版的《小学科学》五年级下册教材第42页

富饶的盆地

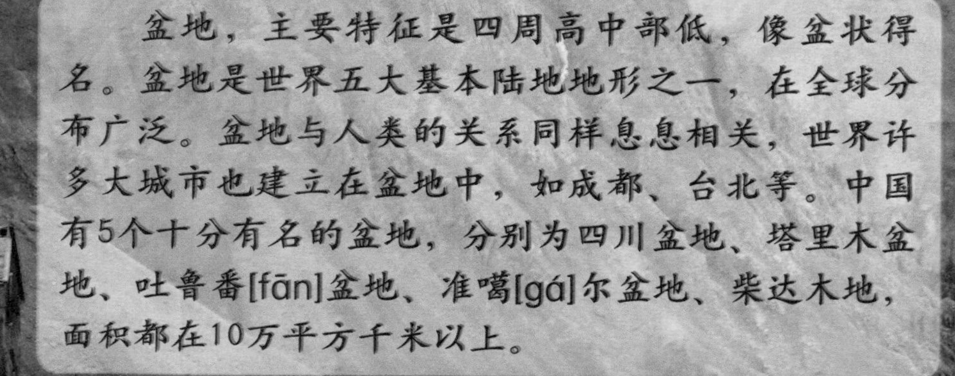

盆地，主要特征是四周高中部低，像盆状得名。盆地是世界五大基本陆地地形之一，在全球分布广泛。盆地与人类的关系同样息息相关，世界许多大城市也建立在盆地中，如成都、台北等。中国有5个十分有名的盆地，分别为四川盆地、塔里木盆地、吐鲁番[fān]盆地、准噶[gá]尔盆地、柴达木地，面积都在10万平方千米以上。

特殊气候

虽然同是盆地，但盆地的气候也各有千秋。有的盆地因为有山脉地形阻挡，外界气流难以进入盆地内部，因而比较干旱，人类很难居住，如柴达木盆地。还有的盆地因海拔相对较低或者有气流进出，气候也比较湿润，如四川盆地，被称为“天府之国”。

资源丰富

自20世纪50年代初期以来，我国先后在82个主要的大中型沉积盆地开展了油气勘探，发现油田500多个。中国石油资源集中分布在渤海湾、松辽、塔里木、鄂[è]尔多斯、准噶尔、珠江口、柴达木和东海陆架八大盆地，其可采资源量达到172亿吨；天然气资源集中分布在塔里木、四川、鄂尔多斯、东海陆架、柴达木、松辽、莺歌海、琼东南和渤海湾九大盆地，其可采资源量高达18.4万亿立方米。

参照教材阅读

认识地表形态：盆地

参照人民教育出版社出版的《小学科学》五年级下册教材第 42 页

浩瀚无际的海洋

参照教材阅读

认识地表形态：海洋

参照人民教育出版社出版的《小学科学》五年级下册教材第 42 页

从遥远的太空上看地球，映入眼里的是一个蓝白相间、相互缠绕的慢慢转动的球体，那白的是云层，蓝的就是海洋。看世界地图时，图上最醒目的就是在黄色陆地周围环绕着大片连绵不断的蓝色海洋。

地球上的海陆分布

据探测计算，地球表面积约为5.1亿平方千米，其中海洋面积约为3.62亿平方千米，约占地球70.8%，假如把地球表面积分成10份，海洋就占了7份。由于海洋面积远远大于陆地面积，所以人们又把地球称为大水球。

海洋和陆地的分布很不均匀。总体看来，大部分陆地在北半球，大部分海洋在南半球，所以北半球又叫陆半球，南半球又叫水半球。细细观察后，你会发现，海洋和陆地的分布很奇怪，有很多对称的现象。如南极洲为大陆，与它相对的北极区是海洋；南半球环绕南极洲的三大洋与北半球环绕北冰洋的三大洲对称；北半球的大陆部分呈环状分布，而南半球的海洋也呈环状分布。

探究海洋地貌

海底是地球表面的一部分，但是因为有海水的覆盖，我们无法直接知道海底究竟是什么样子。其实海底并不如我们想象中那么平坦。如果真的是沧海变成了桑田，你会发现，海底世界的面貌和我们居住的陆地十分相似：有雄伟的高山、深邃的海沟与峡谷，还有辽阔的平原。

荒无人烟的沙漠

陆地上有三分之一的地面都被沙土覆盖着，那里的植物和雨水都非常稀少。由于雨水很少，沙漠地区一般都荒无人烟，人迹罕至。

关于沙漠

沙漠中很少下雨，但是经常可以从附近高山流出的河流进水，虽然这些河流带着很多土，在沙漠里流淌一两天的时间就会干。偶尔沙漠里也会下雨，而且常常是暴雨，这时候，平常干涸的河道就会很快充满水，并且很容易发生洪水。沙漠里如果有足够多的水，就会形成季节湖，这种湖水一般较浅、较咸，由于湖底很平，风会把整个湖吹到好几十平方千米，湖干了之后就会留下一个盐滩。

沙漠里可贵的生命

沙漠一般是风成地貌，那里有无尽的沙滩和沙丘，还经常有沙下岩石出现。沙漠里的泥土很稀薄，植物也特别少，有的沙漠还是盐滩，寸草不生。

和地球上的其他地方相比，在沙漠里存活的生命并不多，但并不表示沙漠中没有动植物。那里的动物大多只有晚上才会出来活动。沙漠里的植物分布比较少，不过还是有很多品种，如沙漠红柳、仙人掌等抗旱或抗盐的植物。

沙漠气候下的人类生活

沙漠气候出现在沙漠和半沙漠地区，主要特点就是降雨稀少、气候干旱；多风沙天气；冬季寒冷、夏季酷热；昼夜温差很大，白天炎热难耐，到了晚间却颇为寒冷。沙漠地区通常天空湛蓝，万里无云，阳光灼热。在阳光的直射下，地面的沙子和石头能达到60℃～70℃；到了夜间，气温则可能下降到0℃以下。这样的气候主要分布在中纬度和低纬度地区，低纬度地区如北非的撒哈拉沙漠、西亚的阿拉伯沙漠、澳大利亚中部的大沙漠等，中纬度地区如中国的新疆和内蒙古一带及北美大陆西南部的沙漠等。

参照教材阅读

认识地表形态：沙漠

参照人民教育出版社出版的《小学科学》五年级下册教材第 42 页

海市蜃楼

沙漠里会有一些奇怪的现象，海市蜃[shèn]楼就是其中的一种。海市蜃楼是由于光的折射形成的自然现象，是沙漠中虚无缥缈、不切实际的幻象。

认识海市蜃楼

海市蜃楼在沙漠里偶尔可以看到，它是另外一个空间的真实体现，是一个空间在物质的运动下，反映到另一个空间里的现象。海市蜃楼经常发生在雨后，因为这时的空气湿度较大，可以形成透镜系统。沙漠里的近地面气温剧烈变化时，就会引起大气密度很大的差异，这时远方的景物，在光线传播的过程中，会发生异常折射和全反射，从而造成蜃景。

海市蜃楼的种类

根据海市蜃楼出现的位置相对于原物的方位，可以分为上现蜃景、下现蜃景和侧现蜃景，上现蜃景和下现蜃景是水面上空出现的，下现蜃景则是在沙漠地带出现。

沙漠中的沙石由于白天被太阳晒得热烫，空气在接近沙层时会很快升高，从而形成了上层冷、下层热的温度分布，上层密度比下层密度大的现象。前方景物的光线会由密度大的空气向密度小的空气折射，从而形成下现蜃景。从远处观望，有如水中的倒影。如果一个人在沙漠里酷热干渴，看到下现蜃景，就会误以为发现了绿洲，但是一阵风过后，眼前的景象就会消失不见，这只是一个幻景。

地球之肾——湿地

湿地是指天然或人工、长久或暂时性的沼泽地、泥炭地或水域地带，以及静止或流动的淡水、半咸水、咸水体，包括低潮时水深不超过6米的水域，是介于陆地和水体之间的过渡带，广泛分布于世界各地。

湿地是最具活力的生态系统

湿地与森林、海洋并称为全球三大生态系统。湿地具有保持水源、净化水质、蓄洪防旱、调节气候和维护生物多样性等多种重要的生态功能，是世界上最具活力的生态系统，也是生物多样性的富集地区，保护了许多珍稀濒危动植物，因而有“地球之肾”、“天然水库”、“天然物种库”之称。

湿地的生态价值

湿地有很高的生态价值，1公顷湿地生态系统每年创造的价值高达1.4万美元，是热带雨林的7倍、农田生态系统的160倍。资料显示，中国湿地面积居亚洲第一位、世界第四位。我国湿地面积约占国土面积的15%，能为50%的珍稀鸟类提供栖息场所。湿地中的植被、水生生物和底栖生物为珍稀濒危鸟类的生长和繁殖提供了丰富的食物资源。

保护湿地

湿地是生命和人类文明的摇篮，是天然廉价的干湿旱涝调节器。近年来，我国湖泊面积已比几十年前减少了130万公顷，每年约有20

个湖泊消亡，约40%的湿地面临严重退化的威胁。因此，保护湿地、保护生物多样性是全社会义不容辞的责任，是人类与自然和谐发展的重要举措。

参照教材阅读

认识地表形态：湿地

参照人民教育出版社出版的《小学科学》五年级下册教材第 42 页

2 地球的自然灾害

肆虐的海啸

沿海地区的同学对于海啸的了解可能更多一些。它是一种灾难性的海浪。它的发生危害了人类的财产和生命。

海啸的发生

海啸是由地震、火山爆发或强烈风暴等引起的海水巨大涨落。海啸并不是由风卷起的普通波浪。这种风波急剧、狭窄且慢速流动，当其穿过水面时清晰可见。但它在爆发前一直非常隐秘，不易让人察觉，它们在上千千米的海面疾驰时，很难让人探测到。当它们抵达海岸时，有时会被误认为是潮汐，但它们与潮汐没有丝毫关系。

地震是引起海啸的主要原因，但并不是所有的地震都会引起海啸。据考察，当地震震级在6级以上，且震源深度小于40千米时，才会形成海啸。当地震活动导致海床急速上升或下沉，周围的海膨胀凸起，散布开一些连续的水波状波浪，这些水波形成了一系列连续的海啸。通常在宽广的海域，水波面积较宽，长度可达到200千米以上，但可能不足0.5米高。

海啸的危害

海啸是一种破坏力极大的海浪，它所带来的灾害具有毁灭性。尽管海啸形成初期是很微小的，但它们速度惊人，在深水中的穿行速度超过700千米每小时，类似于喷气式飞机的速度。当它们到达浅水域时，开始减速并跃升高达十几米甚至几十米不等，有时竟能升到60米

高。远远地望去，海浪就像一堵堵巨大的“水墙”。这种“水墙”中蕴含着极大的力量，它冲上陆地后，就像一名杀人成性的恶魔一样，对人类的生命和财产进行致命的摧毁，所到之处，一片狼藉。

愤怒的火山

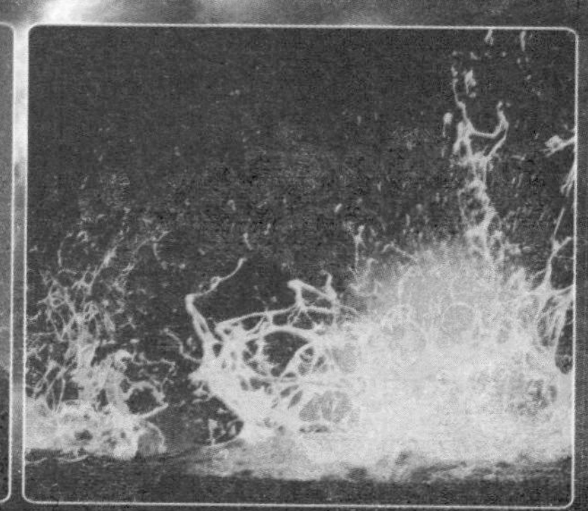

在地下约32千米的深处，有着足以熔化大部分岩石的高温。岩石熔化时会膨胀，也需要更大的空间，世界上某些地区的山脉在隆起，就是因为正在上升的山脉下面的压力在变小，这些山脉下面很可能存在熔岩库。这种物质沿着隆起造成的裂痕上升，当熔岩库里的压力大于它上面的岩石顶盖的压力时，便会向外迸[bèng]发成为火山。

火山的爆发

火山爆发时，会有惊天动地的巨大轰鸣声，伴随着石块飞腾翻滚，炽热无比的岩浆像一条条凶残无比的火龙，从地下喷涌而出，吞噬[shì]着周围的一切，霎时间，方圆几十里都被笼罩在一片浓烟迷雾之中。火山爆发，有时候还能使平地顷刻间耸立起一座高山，如赤道附近的乞力马扎罗山和科托帕克希山就是这样形成的；火山还能在瞬间吞噬掉整个村庄或城镇，火山喷发时会有炽热的气体、液体或固体物质突然冒出，这些物质在开口周围堆积，形成一座锥形山头。“火山口”是火山锥顶部的洼陷，开口处通到地表，锥形山是火山爆发形成的产物。

火山的危害

火山喷出的物质主要是气体，但是像渣和灰这样的大量火山岩和固体物质也会喷出来。在火山活动中，还常喷射出可见或不可见的光、电、磁、声和放射性物质，这些物质有时会置人于死地，使电器、仪表等失灵，使飞机、轮船等失事。

火山爆发呈现了大自然最疯狂的一面，虽然火山爆发过后，会给人类提供丰富的土地、热能和许多矿产资源，甚至还有旅游资源，但这样的自然浩劫让成千上万人伤亡、失踪、无家可归，给人类的生命财产安全造成了巨大的危害。只有加强预报，才是防止火山灾害发生的唯一办法。

地球上四个火山地震多发带

地中海—喜马拉雅火山地震带、环太平洋火山地震带、大洋海岭（中脊）火山地震带、大陆裂谷火山地震带是地球的四大火山地震多发带。其中，环太平洋火山地震带是最著名的火山带，它位于太平洋板块、亚欧板块、美洲板块、印度洋板块和南极洲板块之间，也是世界上最大的火山带。

参照教材阅读

火山

参照人民教育出版社出版的《小学科学》五年级下册教材第 64 页

地球的震动模式——地震

地震和刮风下雨一样，都是一种自然现象。同时，地震也是一场可怕的灾难，地震的有效预测和防范不但能够极大地减轻人员伤亡，还具有明显的经济效益和社会效益。

地震的发生

从地质学的角度来看，地球被分为3层，从内向外分别是地核、地幔、地壳。一般地震发生于地壳部位。地壳内部总是处于不断地变化中，而这种变化又会产生强大的作用力。在这种力的作用下，地壳岩层会发生变形、断裂甚至是错动，过大的变形、断裂、错动就会引发地震。

地震的等级

地震有着不同的等级，超级地震一般是指那些震波非常强烈的大地震，发生的频率也相对较低，一般为地震发生总数的7%～21%，这种超级地震所造成的破坏性极大，甚至是原子弹的数倍之多。虽然超级地震的发生次数较少，但是一旦发生，影响极为广泛，破坏力也极为强大。

参照教材阅读

地震

参照人民教育出版社出版的《小学科学》五年级下册教材第 59 页

地震的危害

地震是世界上最凶恶的自然灾害，它所造成的直接灾害有：建筑物的破坏，如房屋倒塌、桥梁断落、水坝开裂、铁轨变形等；还有地面破坏，如地面裂缝、塌陷、喷水、冒沙等；甚至会带来山体等自然物的破坏，如山崩、滑坡等；海底地震引起的巨大海浪会形成海啸冲上海岸，会对沿海地区造成很大的破坏；在某些大地震中，还会出现地光烧伤人畜的现象。

唐山大地震

1976年7月28日3时42分发生在中国河北唐山的地震，震级7.8级，震中烈度达11度。同日18时43分，距唐山40余千米的滦县又发生了7.1级地震。这次地震发生在工业城市，人口稠密，损失十分严重。唐山市区建筑物多数倒塌或严重破坏，铁轨发生蛇形扭曲，地表出现大量裂缝，还有喷水、冒沙、塌陷，震前伴有发光现象。242 769人死亡，164 851人受伤。仅唐山市区终身残废者就达1 700多人，倒塌民房530万间。唐山地区直接经济损失达54亿元，公共设施遭受严重破坏，灾情之大举世罕见，邻近的天津也遭到极大的破坏。有感范围波及辽宁、山西、河南、山东、内蒙古等14个省、市、自治区，破坏范围半径约250千米。

狰狞的龙卷风

龙卷风是由一种强烈的、小范围的空气旋涡形成的，大多是在天气极不稳定，空气强烈对流运动下产生的。雷暴云底伸展到地面的漏斗云所产生的强烈旋风的风力可达12级以上，风速最快可达每秒100米以上，而且常伴有雷雨或者冰雹。

关于龙卷风

在强烈的阳光照射下，由于地表受热不均匀，引起空气上下强烈对流就会形成龙卷风。如果上升的空气里含水汽比较多，到高空就会形成强烈的雷雨云。由于这种云顶部和底层的温度相差比较悬殊，造成冷空气急速下降，热空气猛烈上升，上下层的空气交替扰动，就会形成许多小旋涡，而这些小旋涡逐渐转动扩大，上下激荡更加猛烈，最终变成了大旋涡。

龙卷风的上部与雷雨云相接，下部有的悬在半空中，有的直接延伸到地面或水面，一边旋转，一边向前移动，它是一个猛烈旋转着的圆形空气柱。它是一种涡旋，空气围绕龙卷风的中心轴快速旋转，受龙卷风中心气压极度减小的吸引，近地面几十米厚的薄层空气、四面八方的气流都被吸入涡旋的底部，并立即变成绕轴心向上的涡流。龙卷中的风总是气旋性的，其中心的气压可以比周围气压低10%。

龙卷风的危害

龙卷风是一种很强的小范围旋风，一般在几十米到几百米之间，维持时间从几分钟到几十分钟，最多不会超过几小时。但由于它是一种高速旋转体，中心气压极低，风力很大，虽然影响范围小，破坏力却极强。

龙卷风经过的地方，往往成片庄稼、成万株果木被瞬间摧毁，还会拔起大树、掀翻车辆、摧毁建筑物等，或把部分地面物卷至空中，还可能把人卷走。由此可见，龙卷风是一种严重的灾害性天气。

龙卷风事件

1995年在美国俄克拉何马州阿得莫尔市发生了一场陆龙卷，诸如屋顶之类的重物被吹出几十千米之外。大多数碎片落在陆龙卷通道的左侧，按重量不等有很明确的降落地带。较轻的碎片可能会飞到300多千米以外才落地。

1999年5月27日，美国德克萨斯州中部，包括首府奥斯汀在内的4个县遭受特大龙卷风袭击，造成至少32人死亡，数十人受伤。据报道，在离奥斯汀市北部64千米的贾雷尔镇，有50多所房屋倒塌，30多人在龙卷风中丧生。遭到破坏的地区长达1.6千米、宽180米。

滚滚沙尘暴

沙尘暴是指强风把地面大量沙尘物质吹起并卷入空中，使空气特别混浊，水平能见度不足100米的严重风沙天气现象，是沙暴和尘暴两者兼有的总称。其中大风把大量沙粒吹入近地层所形成的携沙风暴就是沙暴；尘暴则是大风把大量尘埃及其他细粒物质卷入高空所形成的风暴。

沙尘暴的发生

在全球范围内，沙尘暴天气多发生在内陆沙漠地区，其源地主要有非洲的撒哈拉沙漠、北美中西部和澳大利亚。沙尘暴作为一种高强度风沙灾害，并不是在所有刮风的地方都会发生，只有那些气候干旱、植被稀疏的地区，才有可能发生沙尘暴。

沙尘暴的发生不单是特定自然环境条件下的产物，还和人类活动有着密切的关系。人类过度放牧、滥伐森林植被、工矿交通建设，尤其是过度垦荒，这些令人心惧的盲目行为，破坏了地面植被，地面结构被扰乱，形成了大面积沙漠化土地，这些对沙尘暴的形成和发育起到了至关重要的直接加速作用。

沙尘暴的危害

沙尘暴的危害方式可归纳为4种：沙埋、风蚀、大风袭击和污染大气环境。在风沙作用下，整个地球每年散发到空中的尘土高达每平方千米2～200吨。据观测，中亚地区的尘埃能够被西风气流搬运到1万千米以外的夏威夷群岛。这些尘埃含有许多有毒矿物质，对人体、牲畜、农作物、林木等都会产生直接的危害，并会引发人们的眼病和呼吸道感染等疾病。

沙尘暴里的高强度沙尘天气是一种危害极大的灾害性天气。在其形成之后，会以排山倒海之势滚滚向前移动，携带沙砾的强劲气流所经之处，通过沙埋、狂风袭击、降温霜冻和污染大气等方式，使大片农田受到灾难

性的毁灭，有的农田丧失了原本肥沃的土壤，有的农作物受到霜冻之害，导致农作物绝收或者大幅度减产……特强沙尘暴不仅加剧了土地的沙漠化，更会对大气环境造成严重的污染，对生态环境造成巨大的破坏，交通和供电线路等基础设施也会遭到严重破坏，给人民生命财产安全造成严重损害。

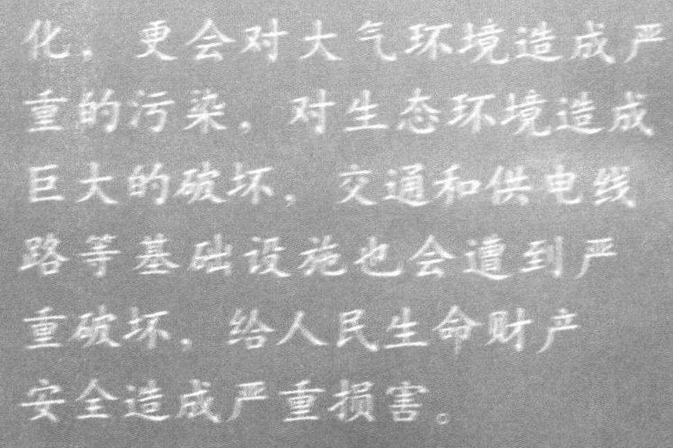

肆虐的洪水

水在地球上是最有用的资源之一。人们每天都要饮水、用水洗澡、洗衣、做饭……在大多数时候，水是非常温和友善的。但是，如果水量足够大，水就会变得十分狂躁，它们能够冲翻汽车、毁坏房屋，甚至造成人员伤亡。在最近 100 年里，洪水就夺去了人类数百万条生命，超过了其他任何一种自然灾害。

关于洪水

洪水是由于暴雨、融雪、融冰和水库决堤等引起河川、湖泊及海洋的水流增大或水位急剧上涨形成的，洪水超过一定的限度，就会给人类正常的生活和生产活动带来损失与祸患，形成洪水灾害。

在多雨季节容易发生洪水。雨水降到地面后，其中一部分渗透到地底下；有的蒸发到空中；还有一部分，就顺着地面流，经过小沟、小溪，进入江河。流入江河水量的多少，取决于雨量的大小。雨下得越大，时间越集中，流入江河的水也就越多。如果在短时间内有大量的雨水流入江河，使水量超过了江河的最大输送能力，就会发生洪水，造成水灾。

洪水总是发生在人口稠密、农业垦殖度高、江河湖泊集中、降雨充沛的地区。洪水常会威胁到沿河、滨湖和近海地区人民的生命、财产安全，甚至造成淹没灾害。自古以来洪水给人类带来很多的灾难，人类永远都不能阻止洪水的发生，它是大气复杂气候系统中无法避免的自然现象。

披着美丽外衣的雪崩

山坡上积雪达到一定的程度时，由于积雪内部的内聚力抗拒不了它所受到的重力拉引时，就会向下滑动，引起大量雪体的崩塌，这种现象就叫作雪崩。

是什么引发了雪崩

雪崩是一种自然现象，由于大量积雪从高处突然崩塌下落造成。山坡积雪太厚是造成雪崩的主要原因；积雪在阳光的照射下，表面的雪会很快融化，雪水渗入积雪和山坡之间，积雪与地面之间的摩擦力就会减小，同时由于积雪层在重力作用下，雪体就会自动向下滑落，这是造成雪崩的另一个原因。

雪崩的发生

雪崩的发生，都是从宁静的、覆盖着白雪的山坡上部开始的。突然“咔嚓”一声，这种勉强能够听见的声音告诉人们，雪层已经断裂了。很快，厚厚的积雪就会出现一道裂缝，紧接着巨大的雪体开始滑动，在向下滑动的过程中，雪体在重力加速的作用下滑动得越来越快。顷刻间，巨大的雪体就会变成一条直泻而下的白色雪龙，呼啸着以凌厉的声势冲向山下。

雪崩的危害

雪崩比起洪水、泥石流等自然灾害发生时的狰狞面目，简直可以用美得惊人来形容。当雪体开始断裂，白白的、层层叠叠的雪块和雪板应声而落，就好像山神突然爆发，抖落了身上的白色战袍一样；它又像一条白色的雪龙，顺着山势呼啸而下，直到山势变缓。

虽然雪崩看起来是美丽的，但是它却可以摧毁一切生命和物体。雪崩会以极快的速度和巨大的力量卷走眼前的一切，甚至有些雪崩会产生足以横扫一切的粉末状摧毁性雪云。雪崩对登山者、当地居民和旅游者是一种很严重的灾害，还会摧毁森林和度假胜地，也会给当地的旅游经济造成非常大的经济损失。

雪崩事件

1960 年 1 月 10 日，在秘鲁安第斯山脉的瓦斯卡兰山峰，发生了一次大雪崩。春季来临，大地回暖，气温上升，积雪开始融化。雪水沿着裂隙下渗，起到了润滑剂的作用，减弱了冰雪与山体间的凝聚力，从而引发了大规模的雪崩。那次雪崩相当的惊人，冰雪巨流以每小时 140 千米的速度运行，雪崩总量达到 500 万立方米，毁坏了山下的 6 个村庄。

1970 年 5 月 31 日，瓦斯卡兰山又发生了一场由地震引发的大雪崩，这场大雪崩所形成的冰雪巨流横扫了 14.5 千米的距离，受灾面积达 23 平方千米，将瓦斯卡兰山下的容加依城完全摧毁，有 2 万居民死亡，城外大部分农田、村庄毁于一旦。

飓风和台风

在古希腊神圣的寺庙中，人们向海神波塞冬祈求平静的海和光滑的水面，因为他手握三叉戟 [jǐ]，呼风唤雨，温柔时风调雨顺，愤怒时则可以掀起滔天巨浪,引发暴风雨。破坏力最强的风暴之一的飓 [jù] 风，曾经被认为是海神发怒的结果。现在，我们知道，这其实是海洋与气候相互作用的结果。

形成飓风需要三个条件：一是温暖的水域，二是潮湿的大气，三是海洋洋面上的风能够将空气变成向内旋转的流动气旋。在飓风眼（即飓风中心）中相对来说天气是比较平静的。最猛烈的天气现象是发生在靠近飓风眼的周围大气中，被称为（飓风）眼墙的区域。

飓风与台风的关系

飓风和台风都是指风速达到每秒33米以上的热带气旋，只是因为发生的地域不同而叫法不同。一般来说，在大西洋上生成的热带气旋，被称作飓风，而在太平洋上生成的热带气旋则称作台风。

飓风的危害

飓风通常发生在夏季和早秋，它来临时常常电闪雷鸣。仅仅一天之内，飓风就能够释放出大量的能量，而这些能量相当于整个美国6个月的用电量。飓风一般伴随着强风、暴雨，严重威胁人们的生命财产安全，对于民生、农业、经济等造成了极大的冲击，是严重的自然灾害。

3 人类面临的环境问题

气候变暖

全球变暖是目前全球环境研究的一个主要议题。根据对 100 多份全球变化资料的系统分析，发现全球平均温度已升高 0.3℃～0.6℃。其中 11 个最暖的年份发生在 20 世纪 80 年代中期以后，因而全球变暖是一个毋 [wú] 庸置疑的事实。

温室效应与气候变暖

温室效应是地球气候正在变暖的自然现象。大家知道，我们人类的呼吸吸入的是氧气，排出的是二氧化碳。二氧化碳能吸收地面的长波辐射，就像一个大棉被盖在半空中，使大气不断变暖，使得地球平均气温越来越高，这就是温室效应。

住在北方的人可能说，地球变暖有什么不好？冬天我们就不用再穿厚厚的棉衣了！实际上，温室效应对人类有百害而无一利。首先是自然生态会发生变化：土地荒漠化，森林退向极地，雨量增加，冬天更湿，夏天更旱，旱涝灾害增加，热带将酷热无比，人类难以生存。其次是两极冰块大面积融化，使海平面上升，那将使生活在沿海的占世界1/3的人口无家可归，世界许多港口城市将淹没于一片汪洋之中。

造成温室效应，使得空气中二氧化碳过度增加的原因是人口急剧增加，工业迅速增长，过度砍伐森林。工业增长造成空气严重污染，而过度砍伐森林断送了人类的“氧气仓库”，森林能吸收二氧化碳并通过光合作用呼出氧气，人类无休止地砍伐森林，结果是搬起石头砸自己的脚。

臭氧空洞

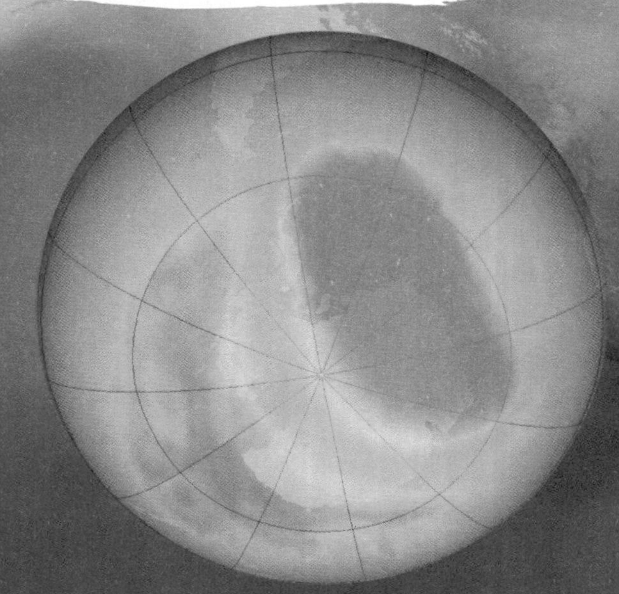

随着社会的发展，工业的兴盛，废气污水的排放、不合理的建设、滥采滥伐……这些行为都在不断破坏着我们的地球，对环境造成的伤害更是触目惊心，伤痕累累的地球已经很脆弱了，而保护着地球的“美丽外衣”——臭氧层，在环境不断被破坏的同时，也被人们一层一层剥落了。

什么是臭氧

臭氧是一种无色的气体，因其自身有种特殊的臭味，所以得名“臭氧”。有90%以上的臭氧分子聚集在距离地球20～30千米的大气层中，构成了臭氧层。臭氧层是保护着地球母亲的美丽外衣，是人类赖以生存的“保护伞”。臭氧层能够挡住太阳射向地球的强烈紫外线。

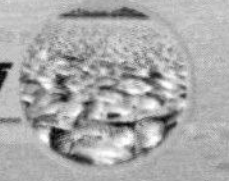

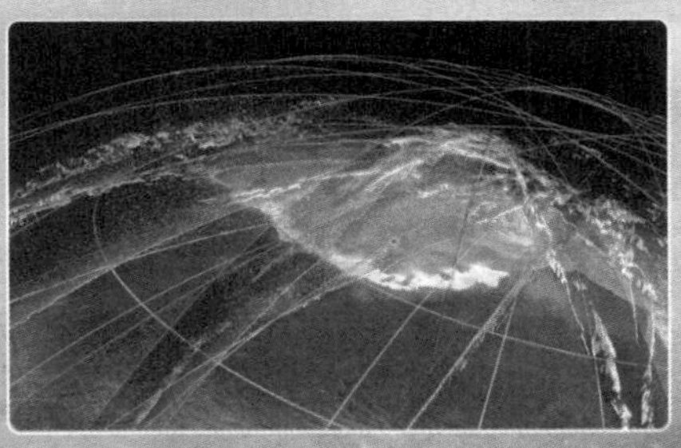

被破坏的臭氧层

1985 年，英国科学家观测到南极上空出现臭氧层空洞，并证实其同氟利昂分解产生的氯原子有直接关系。这一消息震惊了全世界。到 1994 年，南极上空的臭氧层破坏面积已达 2 400 万平方千米，北半球上空的臭氧层比以往任何时候都薄，欧洲和北美上空的臭氧层平均减少了 10%～15%，西伯利亚上空甚至减少了 35%。科学家警告说，地球上臭氧层被破坏的程度远比一般人想象的要严重得多。臭氧层破坏的后果是很严重的。如果平流层的臭氧总量减少 1%，预计到达地面的有害紫外线将增加 2%。

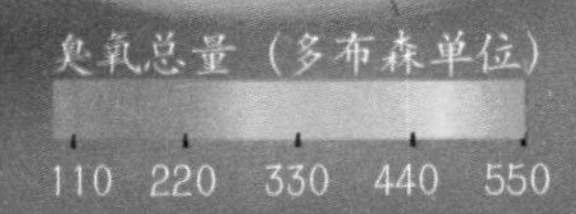

森林锐减

森林锐减是指人类的过度采伐森林或自然灾害所造成的森林大量减少的现象。

森林锐减的危害

没有森林，水从地表的蒸发量将显著增加，引起地表热平衡和对流层内热分布的变化，地面附近气温上升，降雨时空气分布相应发生变化，由此会产生气候异常，造成局部地区的气候恶化，如降雨减少，风沙增加。

森林对调节大气中二氧化碳含量有重要作用。科学家认为，世界森林总体上每年净吸收大约 15 亿吨二氧化碳，相当于化石燃料燃烧释放的二氧化碳的 1/4。森林砍伐减少了森林吸收二氧化碳的能力，把原本贮藏在生物体及周围土壤中的碳释放了出来。据联合国粮农组织估计，由于砍伐热带森林，每年向大气层释放了 15 亿吨以上的二氧化碳。

森林生态系统是物种最为丰富的地区之一。由于世界范围的森林破坏，数千种动植物物种面临着灭绝的危险。热带雨林包括的动植物物种数约为已知物种总数的一半，但它正在以每年460万公顷的速度消失。

森林破坏还从根本上降低了土壤的保水能力，加之土壤侵蚀造成的河湖淤积，导致大面积的洪水泛滥，加剧了洪涝的影响和危害。

水污染

水与人类关系密切，对于人类的生存、发展具有决定意义，而人类活动对于水的状态也会产生重要影响。人与水之间的这种相互作用关系主要集中在3个层面上：水资源、水灾害和水污染。水资源关系到人类的生存，水灾害威胁到人类的安全，而水污染则直接危害到人类的健康。

关于水污染

水污染是指进入水体的污染物超过水体自净能力，造成水中生态环境产生变化的状态。1984年颁布的《中华人民共和国水污染防治法》中为“水污染”下了明确的定义，即：水体因某种物质的介入，而导致其化学、物理、生物或者放射性等方面特征的改变，从而影响水的有效利用，危害人体健康或者破坏生态环境，造成水质恶化的现象称为水污染。

水污染在世界上相当普遍而且严重。当人类活动向水中排入的污染物超过水的自净能力，水中的有害物质超过一定的浓度时，水质、底泥和生物种群就会发生变化，使水的使用价值降低或完全丧失，这就是水污染。

水污染有哪些

污水是生活污水、工业废水和被污染的雨水的总称。生活污水是人类在日常生活中使用的、并被生活废料所污染的水。工业废水是在工矿企业生产活动中使用过的水。工业废水可分为生产污水和生产废水两种。被污染的雨水主要是指初期雨水。由于初期雨水冲刷了地表的各种污物，污染程度很高，故宜作净化处理。生活污水与生产污水的混合物，称为城市污水。

参照教材阅读

水污染

参照人民教育出版社出版的《小学科学》六年级下册教材第 49 页

大气污染

按照国际标准化组织的定义，大气污染通常是指由于人类活动或自然过程引起某些物质进入大气中，呈现出足够的浓度，达到足够的时间，并因此危害了人体或环境的现象。

城市热岛的由来与影响

凡是能使空气质量变坏的物质都是大气污染物。大气污染物目前已知约有100多种。有自然因素（如森林火灾、火山爆发等）和人为因素（如工业废气、生活燃煤、汽车尾气、核爆炸等）两种，且以后者为主，尤其是工业生产和交通运输所造成的。主要过程由污染源排放、大气传播、人与物受害这三个环节所构成。

影响大气污染的因素

影响大气污染范围和强度的因素有污染物的性质（物理的和化学的）、污染源的性质（源强、源高、源内温度、排气速率等）、气象条件（风向、风速、温度层结等）、地表性质（地形起伏、粗糙度、地面覆盖物等）。防治方法很多，根本途径是改革生产工艺，综合利用，将污染物消灭在生产过程之中；另外，全面规划，合理布局，减少居民稠密区的污染；在高污染区，限制交通流量；选择合适厂址，设计恰当的烟囱高度，减少地面污染；在最不利气象条件下，采取措施，控制污染物的排放量。

参照教材阅读

空气污染

参照人民教育出版社出版的《小学科学》六年级下册教材第 53 页

“人造火山”——城市热岛

在人口高度密集、工业集中的城市区域，由人类活动排放的大量热量与其他自然条件的共同作用致使城区气温普遍高于周围郊区的气温，人们把这种现象称为“人造火山”。高温的城市处于低温郊区的包围之中，如同汪洋大海中的一个个小岛，因此也称之为“城市热岛”现象。随着世界各地城市的发展和人口的稠密化，热岛效应变得日益突出。

33℃

温度

30℃

农村　郊区　工厂　城市中心　住宅区　公园　郊区　农村

城市热岛的由来与影响

城市热岛效应主要是由以下几种因素综合形成：

1. 城市建筑物和铺砌水泥地面的道路热容量大，改变了地表的热交换特性，白天吸收的太阳辐射能，到夜晚大部分又传输给大气，使得气温升高。

2. 人口高度密集、工业集中，大量人为热量喷发。

3. 高耸入云的建筑物造成的地表风速小且通风不良。

4. 人类活动释放的废气排入大气，改变了城市上空的大气组成，使其吸收太阳辐射的能力及对地面长波辐射的吸收增强。

由以上因素的综合效应形成的城市热岛强度与城市规模、人口密度以及气象条件有关。一般百万人口的大城市年平均温度比周围农村约高0.5℃～1.0℃。如在我国的上海，每年35℃以上的高温天数要比郊区多5～10天以上。城市上空形成的这种热岛现象还会给一些城市和地区带来异常的天气现象，如暴雨、飓风、酷热、暖冬等。

看不见的电磁辐射

自然界中一切物体，只要温度在绝对零度以上，都以电磁波的形式时刻不停地向外界传送热量，这种传送能量的方式称为辐射。物体通过辐射所放出的能量，称为辐射能，简称辐射。目前，电磁辐射已被世界卫生组织列为继水源、大气、噪音之后的第四大环境污染源，成为危害人类健康的“隐形杀手”。

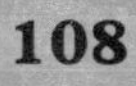

在我们的生活当中，包括天然产生的辐射和人工产生的辐射。

1. 天然产生的辐射：这里指的是人类环境中天然存在的辐射。包括宇宙线，来自地表的辐射线、人体内的辐射线等。这些辐射对健康是无害的。

2. 人工产生的辐射：这是人类生活的环境所产生的辐射。如电脑辐射、手机辐射、家电辐射，以及医疗上的放射线等。人类在享受电磁辐射所带来的便利的同时，也在不断地承受着它的负面影响。

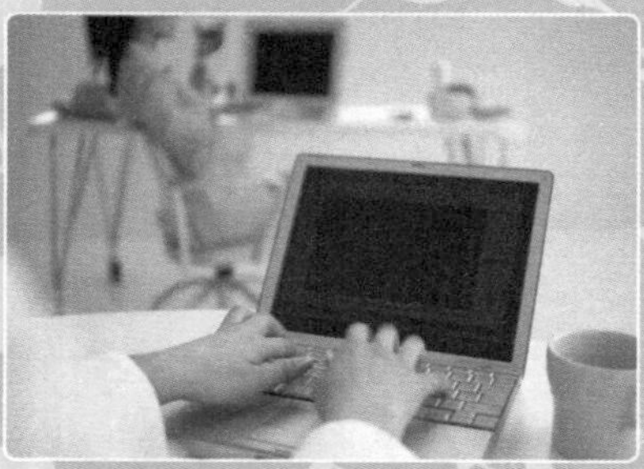

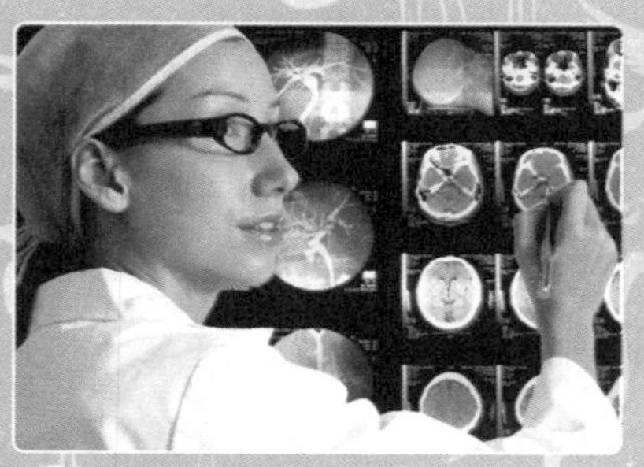

无缝不钻的电磁辐射

电的使用几乎无处不在。科学技术的进步使越来越多的电器进入了办公室和家庭，工作和生活的效率有了极大的提高。但是，电脑、复印机、空调器、电视机、手机等电器在使用过程中会发出各种不同波长的电磁

波，这些电磁波包括无线电波、红外线、可见光、紫外线、X射线等，它们看不见、摸不着、闻不到，却切切实实地出现在我们的周围，威胁着我们生存的环境。辐射源发出的电磁强度越强对人体的危害就越大，电磁辐射还有一个累计的效应，偶尔一两次看不出什么问题，但是日积月累到一定的程度就会慢慢对人体产生危害。

城市垃圾的弥漫

垃圾是全世界面临的一个共同难题，已成为城市发展中的棘手问题。垃圾不仅造成公害，更是资源的巨大浪费。

可怕的数字

据统计，全世界每年约产生垃圾 450 亿吨，中国约有 2/3 的城市陷入垃圾围城的困境。我国仅“城市垃圾”的年产量就近 2 亿吨，这些城市垃圾绝大部分是露天堆放。它不仅影响城市景观，同时污染了与我们生命至关重要的大气、水和土壤，对城镇居民的健康构成威胁。其中，我国每年年产 2 亿吨的城市垃圾中，被丢弃的“可再生资源”价值高达 250 亿元！

垃圾的处理方法

我国目前处理生活垃圾的方法除露天堆放外，还有卫生填埋，这种方法避免了露天堆放产生的问题，其缺点是建填埋场占地面积大，使用时间短（一般 10 年左右），造价高，垃圾中可回收利用的资源浪费了；再是焚 [fén] 烧，使垃圾体积缩小 50% ~ 95%，但烧掉了可回收的资源，释放出有毒气体，如二噁英、电池中的汞 [gǒng] 蒸气等，并产生有毒有害炉渣和灰尘；第四种是堆肥，这种方法需要人们将有机垃圾与其他垃圾分开才行，它具有很好的发展前景。如果将垃圾未经分类就填埋或焚烧，既是对资源的巨大浪费，又会产生二次污染。城市垃圾最根本的出路是实行垃圾从源头分类，提高回收利用效率，尽快实现垃圾的减量化、资源化、无害化。

生活中的“白色”公害

所谓“白色污染”，是指废弃的不可降解的塑料对环境的污染，主要包括塑料袋、塑料快餐盒、餐具、杯盘、塑料包装、农用地膜等。

是什么造成了白色污染

自20世纪50年代以来，石油化工技术的进步，带动了以石油化工衍生物为原料的塑料高分子材料的发展，形成了全球性的“白色革命”。随着社会的进步和消费水平的提高，人们广泛的使用塑料。长期以来，由于环境意识的淡薄，大量废旧塑料被随意抛弃，形成遍地白花花一片的景象，这就是白色污染。白色污染不仅影响市容美观，而且潜伏着巨大的危害，严重地破坏生态环境，是继大气污染、水质污染之后的又一个让人头疼的环境公害。

白色污染的巨大危害

自然界中长期堆放的废塑料，给鼠类、蚊蝇和细菌提供繁殖的场所，易传染各种疾病。混在土壤中的废塑料，给农业生产带来极大危害。丢在地面和水体中的废塑料，易被动物当成食品吞入而死亡。生活垃圾中的废塑料，给垃圾的处理造成困难：填埋则体积大，长期占用土地；堆肥则会污染地下水；焚烧则会释放有害气体，污染环境。

辉煌下的隐忧——都市光污染

近年来，城市更亮了，夜色更美丽了。“让城市亮起来”成为一句非常时尚的口号。但是，在美丽夜景之下，光污染一直被人们忽视。正处在发展阶段的各城市，在建设过程中普遍存在“越来越亮”“你比我亮，我要比你更亮”的误区。

光污染的危害

有关专家指出，光污染有可能成为21世纪直接影响人类身体健康的又一环境杀手。在我国，这种情况也不同程度地存在着，并有愈演愈烈之势。夜景灯光在使城市变得美丽的同时，也给城市人的生活带来一些不利的影响。刺目的灯光让人紧张；人工白昼使人难以入睡，扰乱人体正常的生物钟。人体在光污染中最受害的是直接接触光源的眼睛，光污染会导致视疲劳和视力下降。不适当的灯光设置对交通的危害更大，事故发生频率随之增加。人工白昼还会伤害鸟类和昆虫，强光可能破坏昆虫在夜间的正常繁殖过程。许多依靠昆虫授粉的植物也将受到不同程度的影响。

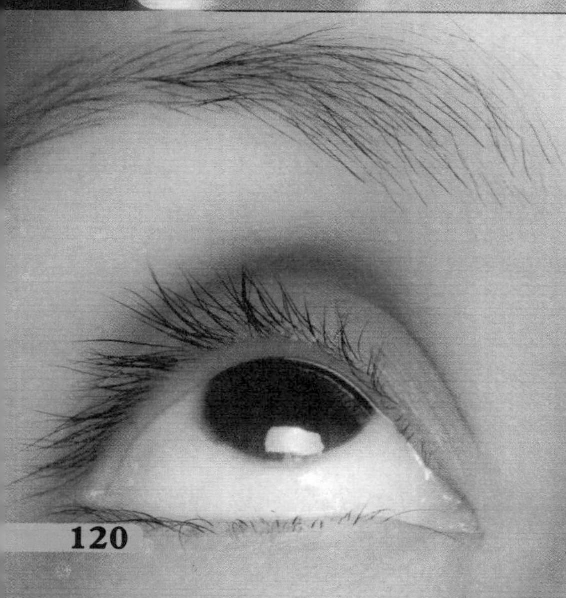
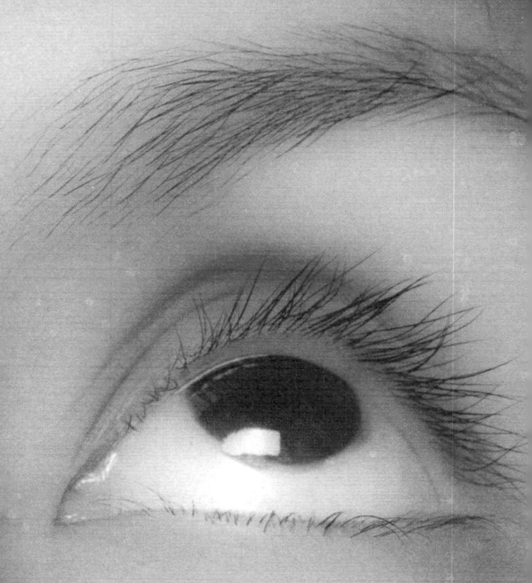

趋利避害

夜景照明本身有利有弊，我们可以将弊病降到最低程度。城市规划要立足生态环境的协调统一，对广告和霓[ní]虹灯应加以控制和科学管理；在建筑物和娱乐场所周围，要多植树、栽花、种草和增加水面，以便改善环境；注意减少大功率强光源等。总之，力求使城市风貌和谐自然，让我们能够生活在一个宁静、舒适、安全、无污染、无公害的优美环境中。

开发能源留下来的环境隐患

1809年，美国人在宾夕法尼亚州成功地钻通了第一口油井，使石油成为可供大量应用的能源物质。到了20世纪初，由于内燃机的推广应用，石油很快成为能源舞台上的主角。石油具有可燃性好、单位热值比高、运输方便和比较清洁的优点。在以后的日子里，它渐渐地代替了煤炭，至今已成为世界主要能源物质。

但是，人类不曾想到，其实他们是打开了污染的盖子。燃料的燃烧给环境造成了巨大的危害。其结果就是使生态环境遭到破坏，人畜受到危害。

在燃料的使用过程中，二氧化硫、一氧化碳、烟尘、苯并芘、放射性飘尘、氮氧化合物、二氧化碳等大量地被排放在周围环境中。其中，一氧化碳、烟尘直接危害人畜；苯并芘是强致癌物质；放射性飘尘则使生物受辐射损伤；二氧化硫、氮氧化合物会形成酸雨，使植物大面积受害，水源遭受污染；二氧化碳在大气中的积累引起全球变暖……在煤炭、石油和天然气这三种燃料的直接燃烧中，对环境污染最严重的是煤炭，其次是石油，天然气则相对比较“干净”。

4 神奇自然探秘

冰封南极的不冻湖

只要提起南极，我们的第一个感觉就是它是被几百米甚至几千米厚的坚冰所覆盖的地方，这里 −60℃～−50℃的温度，让一切都失去了活力，石油在这里就会像沥青一样凝固成黑色固体，而煤油在这里由于达不到燃点也会变成非燃物。然而，有趣的自然界随时向人们展示着它那魔术般的本领：在这天寒地冻的世界里竟然奇迹般地存在着一个不冻湖。

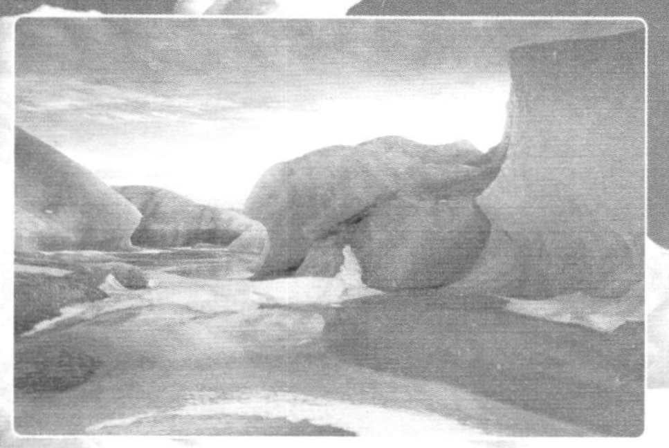

“不冻湖”的由来

不冻湖在 −50℃ 的时候，也不会结冰，所以被人们称作“汤潘湖”。这个湖非常的小，直径仅有数百米，湖水也特别浅，大约只有 30 厘米。这个湖里的水含盐度比较高，如果把一杯这里的湖水泼到地上，眨眼间就会出现一层薄薄的盐。科学家们经过观察发现，汤潘湖就是到了 −57℃ 的时候也不会结冰，所以人们都管它叫“不冻湖”。

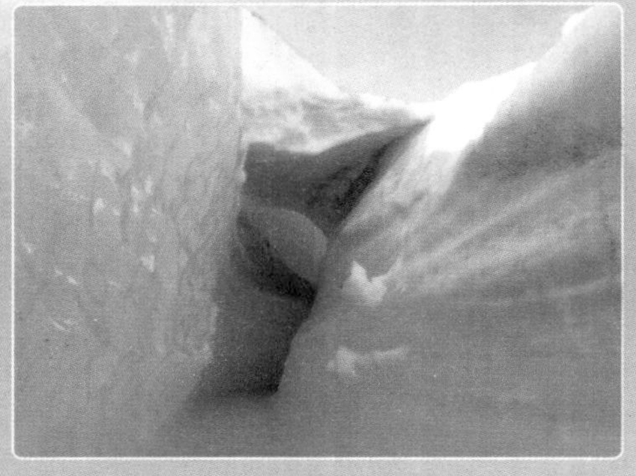

不冻湖为什么不结冰

为什么在南极那种极冷的地方，这个湖都不会结冰呢？有的科学家提出：是气压和温度在特殊条件下结合在一起的结果。他们认为，在南极地区，由于500米深处的海水不直接与寒冷的空气接触，所以水温会高于地面上的温度。这种温差作用使得海水产生垂直方向的运动，就会形成一股旋涡，这股旋涡的力量，把500米深处的海水卷到海面上，因此形成了不冻湖。

另一种观点则认为，在南极临海的地区，存在一些奇特的咸水孔会散发热量，由此而凝结成巨大冰块。当冰块的重量达到一个限度的时候，便会整块地下沉至海底。在巨大冰块的挤压下，深层温度较高的海水就会被挤到表面，于是形成不冻湖。但是湖水与寒冷空气接触一段时间后，湖水就会再次变成大冰块，于是不冻湖就会消失了。

这些都是科学家围绕不冻湖的问题而提出的种种推测和猜想，直到现在，还没有一个科学家能够给出令人满意和信服的结论。

参照教材阅读

水的三态变化

参照人民教育出版社出版的《小学科学》六年级上册教材第 38 页

海洋中冒出的“淡水井”

古往今来，许多海上遇难者都是因为没有淡水而丧生的。因而有了关于“海井”的种种传说，希望航海者能从海井中喝到甘甜的淡水。而我们这里要讲的，却是个实实在在的故事。

从一个故事开始

在美国佛罗里达半岛以东距海岸不远的海面上，有一块直径约 30 米的奇特水域。看上去，它的颜色与周围海水不一样，仿佛深蓝色布上染了一块圆圆的绿色；摸一摸，它的温度与周围的海水也不一样；掬起一汪尝尝，嗬，真清凉，还一点儿也不咸。这可就怪了，在这汪洋大海之中怎么会出现这样一口界限分明的淡水井呢？

“淡水井”是怎样出现的

这一稀奇现象过了好长时间才弄明白。原来，这是陆地赠给海洋的礼物。科学研究发现，这块奇特水域的海底是片锅底似的小盆地。盆地正中深约 40 米，周围深度在 15 ～ 20 米左右。盆地中央有个水势极旺的淡水泉，不断地向上喷涌着清如甘露的泉水，就像我国济南市大明湖里的趵突泉一样，昼夜不停，永不枯竭。而且，这个淡水泉中涌出的水量为每秒 40 立方米，比陆地上最大的泉还要大得多。这股泉水就这样在海中日喷夜涌，出咸水而不染，在风力流的影响下，从泉眼斜着上升到海面，形成了奇妙的海中“淡水井”。

淡水只有陆地上才有，那么，海中怎么出了“淡水井”呢？查来查去，找到了淡水井的来路。原来，是地下径流流入海底，又从泉眼喷出。地下径流难以数计，不难想象，茫茫大海上，也就绝不止佛罗里达东海岸这一眼“淡水井”。

参照教材阅读

海水、淡水

参照人民教育出版社出版的《小学科学》四年级上册教材第 45 页

神奇的海火

常言说："水火不相容。"然而，海面上燃烧着火焰的事儿却屡见不鲜。

关于海火的故事

有一艘轮船黑夜中航行于海上，船员们发现前方闪烁着亮光，宛如点点灯火。待到近前，发现那里并没有港口和陆地，只有一片令人目眩的亮光，在茫茫的海面上闪烁。人们登高眺望，惊奇地发现：大海开花了！海面光芒四射，鲜艳夺目；水中的鱼儿，染上了神话般的光晕；风车似的光轮不停地转动，把大海映得时明时暗，绚烂异常。人们把这种海水发光现象称为"海火"。虽然海火只是偶尔会被人们看见，但其实它的出现是有一定规律的。

1975年9月2日傍晚，在江苏省近海朗家沙一带，海面上发出微光，随着波浪的跳跃起伏，这光亮就像燃烧的火焰升腾不息，直到天亮才逐渐消失。次日晚，海面上的光亮比第一天还强。这种情况持续了一周，到第七天，有人发现海面上涌出许多泡沫，每当有渔船驶过，激起的水流就像耀眼的灯光，异常明亮，水中还有珍珠般的颗粒在闪闪发光，这奇景过后几小时，这里发生了一次地震。1976年7月27日唐山大地震的前夜，人们在秦皇岛、北戴河一带的海面上，也曾见过这种发光现象。尤其在秦皇岛附近的海面上，仿佛有一条火龙在闪闪发亮。

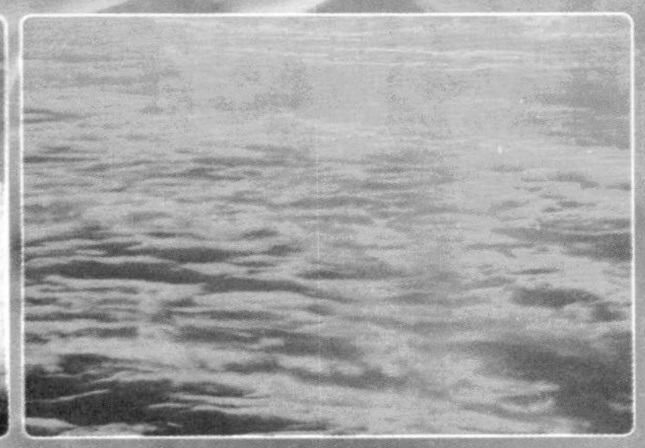

揭开海火的秘密

有人得出结论：海火是一种与地面上的“地光”相类似的发光现象，当强地震发生时，海底出现了广泛的岩石破裂，就会发出令人感到炫目耀眼的光亮。

那么，没有引来地震的海火是如何发生的呢？科学家们的解释是：海洋里能发光的生物很多，除甲藻外，还有菌类和放射虫、水螅、水母、鞭毛虫以及一些甲壳类动物。而某些鱼类，更是发光的能手。它们具有不同的发光器官，有的是一根根小管，就像电灯丝；有的像彩色的小灯泡，赤、橙、黄、绿、青、蓝、紫俱全，发出的光亮像霓虹灯一样变幻无穷。

像地球一样自转的岛屿

我们知道地球可以自转，可你听说过有小岛也可以像地球一样自转吗？有传闻说，有人发现过能够像地球一样自转的小岛。

自转岛屿的发现

1964 年的时候，从西印度群岛传来了一桩奇闻，有几名希腊的船员说他们在附近的海域发现了一个怪岛，他们声称这个小岛很独特，因为这个岛会像地球那样自转。

这个岛屿是一艘名叫“参捷”号的希腊货轮在途径西印度群岛时偶然发现的。船长卡德和队员在海上航行的时候，看到一个很美丽的小岛

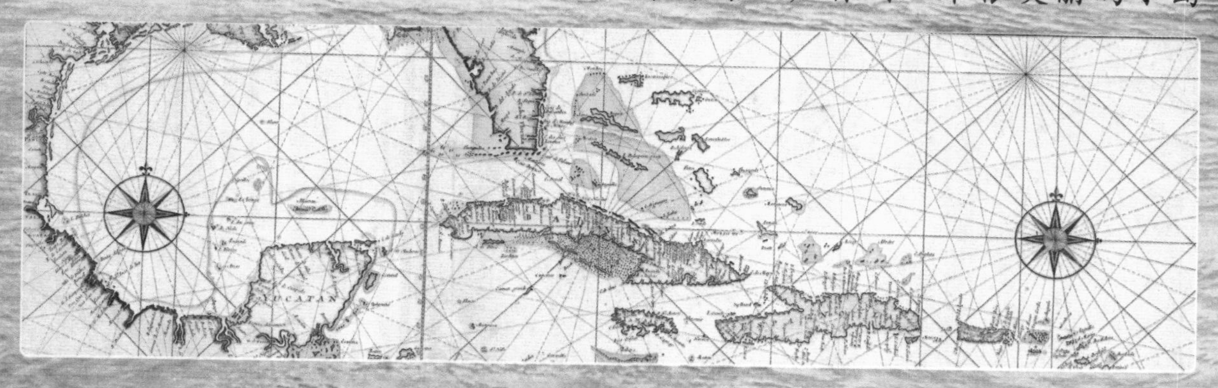

屿，就想去岛上看看，能不能找到有价值的东西，于是船长卡德组织船员们一起去岛上考察，并在船停靠的岸边的一株大树上刻下了自己的名字、登岛时间和货船的名字，留作纪念。然后他就和船员们一起在岛上兴致勃勃地开始了考察。大约半小时后，他们回到了上岸的地点，准备起航，就在这时，一名船员大叫起来：“你们快看，我们离刚才停船的地方，也就是船长刻字的那棵大树，差了将近100米呢！我们的船已经抛锚了，它怎么会自己走动呢？”他的话让船员们感到很惊讶，他们立即检查了刚才抛锚的地方，并没有发现船被拖走的痕迹，铁锚仍然十分牢固地钩住海底。后来经过他们的仔细观察，认为不是船在走，而是岛屿本身在旋转。

这个小岛很有规律性地自转，它每24小时旋转一周，并且都在按同一方向有规则地自转，从来没有出现过反转现象，一直这样周而复始。

岛屿自转的秘密

那么，这个小岛为什么会自行旋转呢？有不少人发表了自己的猜想，有人推测：这座岛很有可能是一座浮在海上的冰山，海潮的时起时落导致小岛随着潮水而旋转。可是其他“浮”在海上的冰山岛为什么不能这么有规律地自转呢？还没有人能作出完整的解释。

参照教材阅读

认识地球

参照人民教育出版社出版的《小学科学》四年级上册教材第 46 页

生命顽强的战斗者——植物

物竞天择，适者生存。植物只有具有顽强的生命力才能长久生存下来，生命力不顽强就不能够适应各种各样的生存环境，这样的植物都会在漫长的进化过程中被淘汰。自然界中存在着不少生命力顽强的植物，它们有的能在寒冷的高山上顽强地生长，有的能在干旱的沙漠中生存，还有的能在盐碱地中生活……这些植物各显神通，绽放着顽强的生命。

抗旱的沙漠植物

在严重干旱、自然条件极为恶劣的沙漠中，生长着一些野生植物。沙漠水分稀少，蒸发量却大得惊人，许多植物为了减少水分的蒸腾，叶子退化成尖刺；而为了储存更多的水分，茎部则变得肥厚而多汁；茎的表皮有厚而硬的蜡质作为保护层，保护它不受强光的照射。而生长在中国西北荒漠中的胡杨有特殊的生存本领，它的根可以扎到10米以下的地层中吸取地下水，体内还能贮存大量的水分。

另类的高山植物

高山植物是生长在高山上的植物，一般植株矮小，茎叶多毛。大多数高山植物还有粗壮深长而柔韧[rèn]的根系，它们常穿插在砾[lì]石或岩石的裂缝之间和粗质的土壤里吸收营养和水分，以适应高山粗疏的土壤和在寒冷、干旱环境下生长发育的要求。全身长满白毛的雪莲，是另一种类型的高山植物。雪莲生长在海拔4500～5000米以上的陡坡石滩，植株不高，茎短粗，叶子贴地生长，全身长满了厚厚的白色绒毛，既能防寒，又能保温，还能反射掉高山阳光的强烈辐射。

耐寒的极地植物

在我们的印象里，南极和北极都被冰雪覆盖着，是地球上最冷的地方。其实，在那里也生长着一些植物。这些极耐寒的植物主要是低等植物：地衣草和苔藓。据试验，地衣能忍受零下 70 摄氏度左右的高寒而不死亡，在零下 268 摄氏度的低温下放了几个小时后，回到正常环境仍能恢复正常生长，甚至在真空的条件下放置 15 年，沾上水之后，还能“死”而复生。它顽强生活在很多植物都不能生长的环境中，被誉为植物界的“拓荒先锋”。

参照教材阅读

了解不同环境下植物的适应本领

参照人民教育出版社出版的《小学科学》六年级下册教材第 20 页

会吃人的植物

世界上能吃动物的植物约有 500 多种，但绝大多数只能吃些细小的昆虫之类的。而生长在印度尼西亚爪哇岛上的奠 [diàn] 柏，是能“吃”人的植物，这听起来简直不可思议，它可以说是世界上最凶猛的树了。

关于吃人树

这种吃人的树长得很高，有八九米，树枝上长着很多长长的枝条，垂贴在地面上。这些枝条有的就像即将断掉的电线，风一吹就左右摇晃，如果有人想去把那些枝条接上或者有人不小心碰到了它们，树上所有的枝条就会像魔爪似的向同一个方向伸过来，迅速把人卷住，而且越缠越紧，人根本就脱不了身，无法挣脱开。

当地有人目击过一个妇女被惩罚的过程。当地的一个妇女大概是犯了家族的禁忌，当地很多人追赶着她，把她逼到了这棵树的旁边，妇女逼不得已爬上了一棵树，她刚触摸到树的枝条，大树就马上伸向她，把她给完全缠住了，没过多久，树的枝条慢慢打开了，展现在众人面前的只剩下一堆白骨，令人毛骨悚然。以后只要有人触犯了禁忌就会被逼上这棵树，当地人称它为“奠柏”或许正是因为这个原因。

树为什么会“吃人”

为什么这棵树会“吃人”呢？原来被这种树枝缠住之后，树枝就会很快分泌出一种黏性非常强的胶汁，它能够消化被捕获的“食物”，不管是动物或人只要粘到了这种液体，就会慢慢被“消化”掉，成为树的美餐。当奠柏的枝条吸完了养料，就又会展开飘动，再一次布下天罗地网，等待捕获下一次美餐。

为什么这种树要以人或动物作为自己的食物呢？有科学家研究过，原来在爪哇岛上，奠柏生活的这一片土地的土壤相当的贫瘠[jí]，这种树长期得不到充足的养料，它为了能够生存，只好从动物身上吸取足够的养分。

这种树的树汁是一种很珍贵的药材，所以当地人并不愿去伤害它，还有不少人以采取它的汁而发财。当地人掌握了它的“脾气”，每次采集它的汁液的时候，都会先用鱼去喂它，等它吃饱后再去采集汁液。奠柏虽然凶猛，终究还是斗不过人，还得乖乖地被人们利用。

独特的食虫植物

地球上确确实实存在着一类行为独特的食肉植物（亦称食虫植物），它们分布在世界各国，共有500多种，其中最著名的有瓶子草、猪笼草和捕捉水下昆虫的狸藻等。在目前已发现的食肉植物中，大部分捕食的对象仅仅是小小的昆虫而已，它们分泌出的消化液，对小虫子来说如同是汪洋大海，但对于人或较大的动物来说，简直微不足道。

神秘的死亡谷

你知道“死亡谷”吗？那里真的是死亡之地吗？让我们一起去探寻世界四大死亡谷的秘密吧！

俄罗斯的“死亡谷”

俄罗斯的“死亡谷”，位于堪察加半岛克罗诺基的山区。它长达2千米，宽100～300米，不少地方有天然硫磺嶙峋露出地面。据统计，这个“死亡谷”已吞噬过30条人命。俄罗斯的科学家曾对这个“死亡谷”进行过多次探险考察，但关于“死亡谷”杀人的秘密却仍是众说纷纭。

美国的“死亡谷”

美国的“死亡谷”位于加利福尼亚州与内华达州相毗连的群山之中。它长达225千米，宽6～26千米，面积达1 400多平方千米。峡谷两岸悬崖峭壁，地势十分险恶。

据说，1949年，美国有一支寻找金矿的勘探队伍，因为迷失方向而误入其间，再也没有走出来。

此后，一些前去探险的人员也屡[lǚ]屡葬身谷中，至今仍然未能查出他们死亡的原因。可是科学家却发现，这个地狱般的“死亡谷”，竟是飞禽走兽的“极乐世界”。目前，谁也弄不清这条峡谷对人类和动物为什么会有两种截然相反的态度。

意大利的“死亡谷”

意大利的“死亡谷”位于那不勒斯和瓦维尔诺湖的附近。它和美国的“死亡谷”正好相反，对动物的生命危害很大。据调查统计，每年在此死于非命的各种动物多达 37 600 多头，所以意大利人又称它为“动物的墓场”。“动物的墓场”至今仍然是个未解之谜，还有待意大利的一些专家、学者去考察研究。

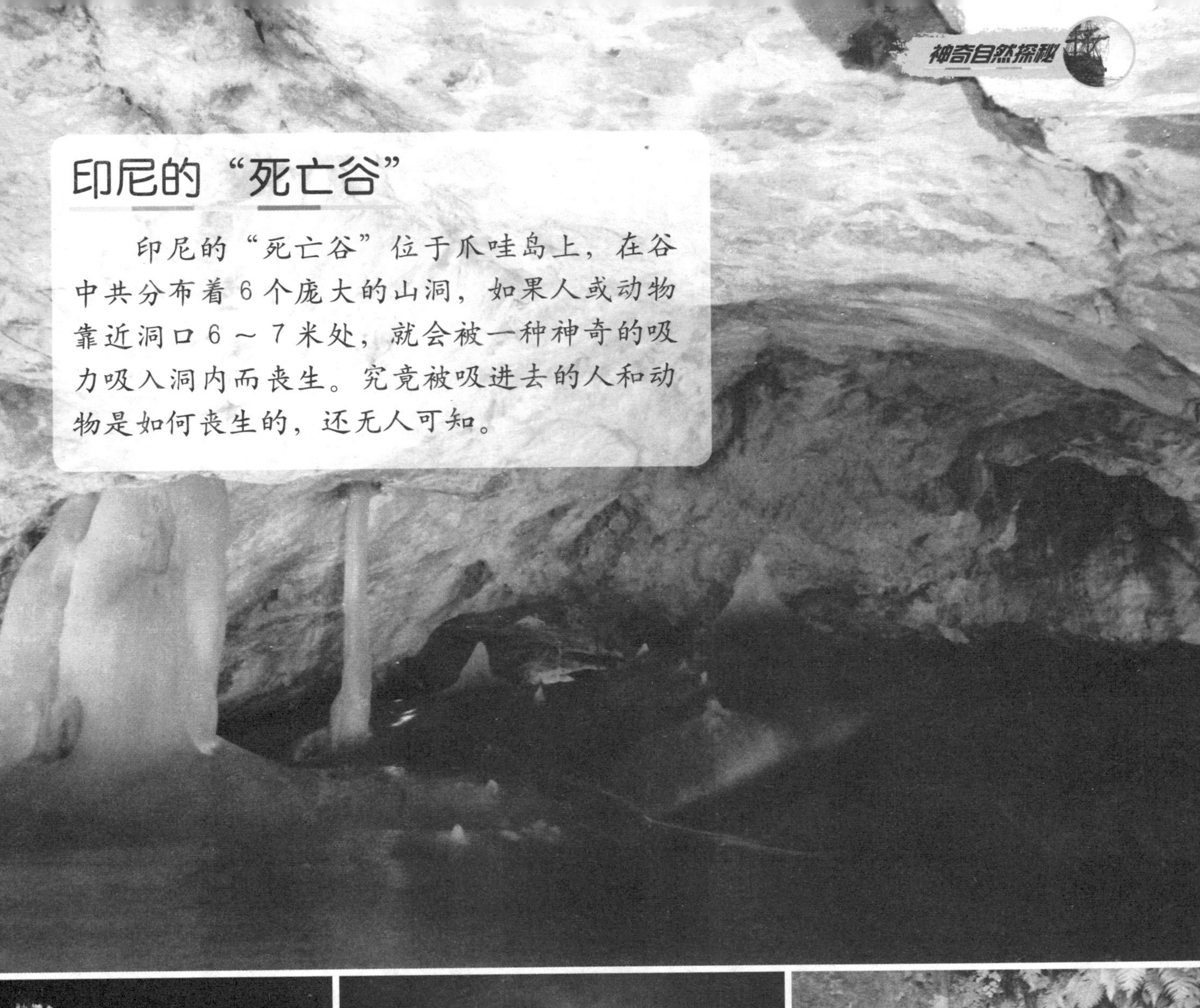

印尼的“死亡谷”

印尼的“死亡谷”位于爪哇岛上，在谷中共分布着6个庞大的山洞，如果人或动物靠近洞口6～7米处，就会被一种神奇的吸力吸入洞内而丧生。究竟被吸进去的人和动物是如何丧生的，还无人可知。

亚马孙密林的黄金城

我们常会在童话故事中看到金山、金湖，世界上真的有这样金灿灿的存在吗？

名副其实的黄金城

16 世纪初，印加帝国被西班牙人推翻了，所有的黄金宝石被西班牙人据为己有。西班牙统帅皮萨罗听说印加帝国的黄金是从一个叫帕蒂的酋长统治的玛诺阿国运来的，而且那里金银财宝堆积如山。皮萨罗立即组织探险队，开赴位于亚马孙密林深处的黄金城。

随后，探险者和寻宝者蜂拥而至，深入亚马孙密林深处。其中，有位叫凯萨达的西班牙人组织了 700 多名探险队员向黄金城进发，在付出 550 条性命的惨重代价后，终于在康迪那玛尔加平原发现了黄金城和传说中的黄金湖，找到了价值近 300 万美元的翡翠宝石，然而这仅仅是黄金城难以估价的财宝中的微小部分。

17 世纪初，印第安族最后一位国王的侄子向人们描述了在黄金湖畔所举行的传统加冕仪式：当时，王位继承人全身被涂上金粉，然后跳入湖中，来回畅游，洗去金粉。他的臣民纷纷献上黄金、翡翠，堆在他的脚旁。作为对上帝的爱戴，新国王要将所有黄金丢进湖中。

这种传统仪式举行过无数次，可见黄金湖的蕴藏量是多么的惊人了。

从未停止的黄金打捞

对黄金湖的打捞从16世纪以来，一直没有停止过。16世纪中叶，一支由西班牙人组织的寻宝队，在3个月时间内就从较浅的湖底捞起几百件黄金用品。

20世纪初，英国一家公司挖了一条地道，将湖水抽干，但厚厚的泥浆很快被太阳晒成干硬的泥板。当英国人再运来钻探设备时，湖中再度充满湖水，这次代价高昂的打捞终归于失败。

1974年，哥伦比亚政府为防止湖中宝藏被他人窃取，派军队来看守这个黄金湖，从此无人能够接近这批宝藏。于是，神秘的黄金湖便成为一个无法揭开的谜了。

参照教材阅读

了解矿产

参照人民教育出版社出版的《小学科学》六年级下册教材第46页

纳兹卡的奇异图形

在秘鲁的纳兹卡平原上，假如你从几千米高空的飞机上向下俯瞰纳兹卡大地，就会惊奇地发现，在这片荒凉、贫瘠的土地上，竟然被“画”上了许多幅巨大的动物图案和几何图形。

这简直令人难以置信。这是谁的杰作呢？为什么要“绘制”这些巨画？又是如何绘成的呢？

大自然的礼物

在地面上，我们所看到的只不过是一条条刻在沙土上的杂乱无章的线条，就像有人刮去了覆在纳兹卡平原沙土上的成千上万吨黑色火山灰，而露出了大地原来的颜色——淡黄色。看不出什么异样，但你在上千米的高空便能看出这是画里的一部分，它们构成了一幅完整的“巨画”。

当降低飞行高度靠近观察时，就能清楚地看到这些图形大小不一，形状各异，极具形象化。有的像长尾猿、有的像鲸、有的像蜘蛛，很显然这些图形并非自然形成的，而是人为造成的。

“巨画”之谜

为什么在这片南北长近50千米的范围内，动辄会出现长至100米以上的图形？为了解开这个谜，众多科学家相继来到了纳兹卡，并对其作了各种推测。

一种推测认为，它们可能是星象学的图案，因为所有图形都是按照星辰的运行描绘出来的，例如蜂鸟尾巴恰指12月21日的日出方位。还有一种推测认为，是火星人曾降临地球，并以纳兹卡为基地，地面上的这些图形便是太空船降落时的跑道和指标。另外一种推测认为，可能是早期原住民为了求雨以利农作，在地面上画出的巨大图形，以便天神看得到，因此可能是一种宗教的表现。也有人把印第安人传说中的“维拉科查人”当作纳兹卡巨画的作者。但是，这些传说中的人又来自哪里呢？

尽管科学家们用了各种方法，进行了种种努力，但至今还是无法将这些图形完全解释清楚。看来，要想揭开“巨画”之谜还有待时日。

图书在版编目（CIP）数据

是谁创造了奇迹 / 刘少宸编著 . -- 长春 ：吉林科学技术出版社，2014.11（2019. 1重印）
（奇趣博物馆）
ISBN 978-7-5384-8278-2

Ⅰ．①是… Ⅱ．①刘… Ⅲ．①自然科学－少儿读物 Ⅳ．① N49

中国版本图书馆 CIP 数据核字（2014）第 218493 号

编　　著　刘少宸
编　　委　邓　辉　丁可心　丁天明　关　雪　韩　石　韩　雪
　　　　　李海霞　刘　超　刘训成　刘亚男　卢　迪　戚嘉富
　　　　　汝俊杰　唐婷婷　王丽丽　吴　恒　杨　丹　张晓明
　　　　　张　扬　张玉欣　朱兆龙　邹丽丽
出 版 人　李　梁
策划责任编辑　万田继
执行责任编辑　梅洪铭
封面设计　宸唐装帧
制　　版　宸唐装帧
开　　本　787mm × 1092mm　1 / 12
字　　数　200 千字
印　　张　14
版　　次　2015 年 1 月第 1 版
印　　次　2019年 1 月第 3 次印刷

出　　版　吉林科学技术出版社
发　　行　吉林科学技术出版社
地　　址　长春市人民大街 4646 号
邮　　编　130021
发行部电话 / 传真　0431-85600611　85651759　85635177
　　　　　　　　　85651628　85635181　85635176
储运部电话　0431-86059116
编辑部电话　0431-85610611
团购热线　0431-85610611
网　　址　www.jlstp.net
印　　刷　北京一鑫印务有限责任公司

书　　号　ISBN 978-7-5384-8278-2
定　　价　35.00 元